神奇的动物
建筑师

斯塔熊文化　编绘

石油工业出版社

图书在版编目（CIP）数据

奇趣动物联盟．神奇的动物建筑师 / 斯塔熊文化编绘．-- 北京：石油工业出版社，2020.10
ISBN 978-7-5183-4124-5

Ⅰ．①奇⋯ Ⅱ．①斯⋯ Ⅲ．①动物－青少年读物
Ⅳ．① Q95-49

中国版本图书馆 CIP 数据核字（2020）第 159870 号

奇趣动物联盟

神奇的动物建筑师

斯塔熊文化　编绘

选题策划：马　骁
策划支持：斯塔熊文化
责任编辑：马　骁
责任校对：刘晓雪

出版发行：石油工业出版社
　　　　　（北京安定门外安华里 2 区 1 号楼 100011）
网　　址：www.petropub.com
编 辑 部：（010）64523607　　图书营销中心：（010）64523633
经　　销：全国新华书店
印　　刷：北京中石油彩色印刷有限责任公司

2020 年 10 月第 1 版　2020 年 10 月第 1 次印刷
889 毫米 ×1194 毫米　开本：1/16　印张：3.75
字数：50 千字

定价：48.00 元

欢迎来到我的世界

嗨！亲爱的小读者，很幸运与你见面！我是一个奇趣动物迷，你是不是跟我有一样的爱好呢？让我先来抛出几个问题"轰炸"你：

你想不想养只恐龙做宠物？

"超级旅行家"们想要顺利抵达目的地，要经历怎样的九死一生？

数亿年前的动物过着什么样的生活？

动物们怎样交朋友、聊八卦？

动物界的建筑师们有哪些独家技艺？

动物宝宝怎样从小不点儿长成大块头？

想不想搞定上面这些问题？我告诉你一个最简单的办法——打开你面前的这套书！这可不是一套普通的动物书，这套书里有：

令人称奇的恐龙饲养说明。

不可思议的迁徙档案解密。

远古生物诞生演化的奥秘。

表达喜怒哀乐的动物语言。

高超绝伦的动物建筑绝技。

萌态十足的动物成长记录。

童真的视角、全面的内容、权威的知识、趣味的图片……为你全面呈现。当你认真地读完这套书，你会拥有下面几个新身份：

恐龙高级饲养师。

迁徙动物指导师。

远古生物鉴定师。

动物情绪咨询师。

动物建筑设计师。

萌宝最佳照料师。

到时，我们会为你颁发"荣誉身份卡"，是不是超级期待？那就快快走进异彩纷呈的动物世界，一起探索奇趣动物王国的奥秘吧！

目 录

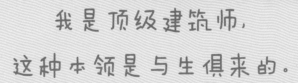

我是顶级建筑师，
这种本领是与生俱来的。

匠人的自我修养

在千姿百态的动物世界里，动物们也要学会生存。为了更好地适应环境，它们练就了形形色色的本领，变成了能工巧匠。那么，怎样才算是一个合格的匠人呢？让我们一起来看看匠人的必备素质吧！

选择居住地

在选择居住地的时候，匠人们需要考虑的情况有很多，例如，当地的气候、附近是否会有捕食者出没、家庭是不是正在发展壮大，如果是的话，就需要较大的空间，所选择的地方必须有利于扩展。还有就是采集、运输建筑材料所需要消耗的能量，孵卵、哺育幼崽、寻找食物所需要的时间和能量等。

建筑材料选取

修建居所最理想的材料要保证两点：耐久性好、延伸力强。木材和植物纤维既能承受压力，又能承受张力，还具有一定的强度，是修建居所的材料首选。枯叶、杂毛、细枝、苔藓、羽毛及其他富含纤维的材料，是最佳的保暖材料。

混合材料

许多哺乳动物和鸟把草茎或沙子与泥混合，当作砂浆或黏结材料。木料和植物纤维里的纤维素、唾液及丝里的蛋白质，使天然建筑材料有极大的弹性和耐久性。燕子把唾液和泥混合在一起来筑巢壁，大黄蜂把唾液加入木质纤维来加工纸浆，蜂鸟把昆虫的丝作为黏结材料，用地衣把小小的杯状巢完全盖住，并进行加固和伪装。

搬运建筑材料

动物必须把建筑材料运到居住地，这可是个费力气的活儿，要付出艰辛的劳动。细心的鸟类学家做过精确的记录，一对灰喜鹊在筑巢的四五天内，共衔取巢材600多次。一只美洲金翅雀的鸟巢，竟有700多根巢材。

装修

动物们并不只是为了繁殖而随随便便建造一个居所。在使用前，它们常常会对寝室、通道等进行"装修"。例如，熊就会花费与挖掘洞穴同样多的时间选择和收拾越冬居室。

获取更好的建筑材料

就像我们人类经常改进建筑材料一样，动物也经常用各种新材料来做实验，如果发现它好于旧材料便一直使用下去。例如，鸟儿有时就会用铁丝和水泥取代细枝和泥土。

技能提升

年幼的动物最开始建造的居所常常是倾斜的，而且形状也不规则，但是随着慢慢长大，积累了经验之后，它们的建筑技术就会逐渐提高。例如，幼年的蜘蛛织的网很不美观，但是成年后，织的网就会很完美。

地下的匠人们

在我们看不到的地下，技术精湛的匠人们在精心打造属于自己的小家。也许你会问，地下黑乎乎的，土壤还那么坚硬，它们是怎么做到的呢？不要为它们担心，它们有自己的一套办法。

地下的家

对于最大的哺乳动物类群——啮齿动物来说，它们唯一能安全生活的地方就是地下。地下建筑遇到的主要问题是如何搬运土石。旱獭、獾、衣囊鼠和其他的打洞者，完全在黑暗中工作，它们必须想办法运走通道里的土。衣囊鼠每挖掘 2 厘米左右，就用颊囊把土运出来。

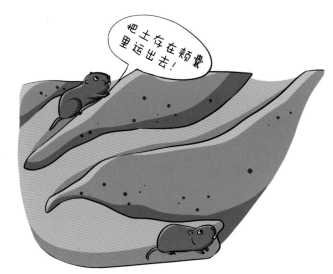

选择打洞地点

动物在打洞时，会考虑土壤的条件和洪水泛滥的可能性。它们会寻找容易挖掘而又不会崩塌的土壤。土质还要足够坚硬，可以经得起长期使用。多数洞穴通向栖息和繁殖室的通道选择在略微倾斜的地方，以保证良好的排水性能。

用土堆标记挖掘地点

每个打洞的动物都会用土堆标记挖掘地点。例如，灰熊会在洞穴的表面垒起大约 4 英尺高、带有警告性的圆锥形土堆。大多数小型动物把土堆作为便利的栖息地，它们可以从这里看到周围环境中的天敌，晴天可以晒太阳或寻找理想的食物。

各有各的打洞高招

　　弱小的动物在打洞时，会回避多石的土层。但是强大的动物对这些满不在乎，例如，灰熊可以用前爪把大石头、枯木和其他较重的东西挪到一边，有时还会拔掉可能阻挡它们的小树。

挖掘工具

　　所有的打洞动物都拥有强大的镐状爪，几乎都能用牙齿从土里挖掘植物根茎。啮齿动物是最熟练的打洞动物，它们体壮、脖颈和腿粗短，眼睛和耳朵小，这种身体结构完全适合于在地下打洞。所以，一些啮齿动物有保护性耳罩和眼罩，有大脑壳和锋利的门齿。

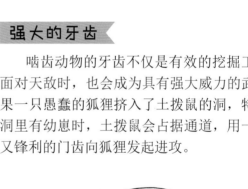

强大的牙齿

　　啮齿动物的牙齿不仅是有效的挖掘工具，在面对天敌时，也会成为具有强大威力的武器。如果一只愚蠢的狐狸挤入了土拨鼠的洞，特别是当洞里有幼崽时，土拨鼠会占据通道，用一对又大又锋利的门齿向狐狸发起进攻。

多产的打洞者

　　许多啮齿动物是非常多产的打洞者，它们不断地掘土，扩大洞穴，或者丢弃现在住的洞穴，然后在其他地方挖掘新洞穴。洞穴的宽度以自己能转过身来为最好，因为自己可以凭借身躯封住通道的入口，抵抗入侵者的威胁。

各具特色的匠人们

匠人们的本领各不相同，它们的作品既奇特复杂，又别致完善，它们超强的生存本领和令人吃惊的杰作，让人们叹为观止。

"鲜花屋"

被壁蜂妈妈浅埋于地下的"鲜花屋"是它们为宝宝精心准备的"育儿房"。这种花房蜂巢里外三层：内侧先铺一层花瓣，中间糊上泥巴，外侧再贴上一层花瓣，温暖湿润又舒适，雌蜂还会在里面保存花蜜和花粉的混合物作为幼蜂的食物。每个花房里仅产一颗卵，之后雌蜂将蜂巢浅浅地埋在地下，避免被破坏。壁蜂短短一年的生命中10个月都沉睡在这个梦幻的花房里，化为成虫后它们会迅速交配、筑巢、产卵，然后死去，世代如此。

生活需要一些浪漫。

谁知道我藏在这里呢？

沫蝉幼虫的家

如果实在没有好的建房材料，自给自足也是可以的。在春季孵化后，沫蝉幼虫就开始在草甸植物里寻找躲避阳光和风的合适地点。在进食了植物汁液后几分钟，它们通过肛门排出肥皂般的泡沫，这些具有黏性的泡沫渐渐包围它们，从而形成一层保护膜。

用自己的羽毛筑巢

在严寒的北极，准备产卵的绵凫鸟总要忍受剧痛，从自己身上拔下大量的羽毛来筑窝。它用嘴咬着自己的羽毛，脑袋使劲一甩，便拔下一根，每拔下一根便痛得颤抖一下。在这个松软而温暖的羽毛窝里，再冷的严冬也不会伤害到它的儿女。

只要孩子暖和，拔毛算什么？

建造浮巢的高手

水雉、疣鼻天鹅等水禽都是建造水面浮巢的高手，它们利用轻质的残羽和水草，在水面建造起轻巧而富有韧性的巢。巢漂浮在水面，可以远离各种陆生动物的威胁。这些巢或者随波逐流，或者附着在莲、芦苇、香蒲等植物上，就像把巢拴上了一个铁锚。

把巢建在水上，孩子们更安全。

水雉

大马哈鱼的"产房"

大马哈鱼一生只产一次卵，它们对"产房"的要求很高，要环境幽静、水质澄清、水流湍急、水温适宜，而且底质是砂砾。选好址后，它们用尾鳍在砂砾地上用力拍打出一个大坑，再衔一些水草垫在坑底，然后把卵产在这个"产房"里。产完卵后，还会用尾鳍拨动砂砾把坑盖上。

刺鱼的巢

在繁殖季节，刺鱼会把巢建在溪流的浅水区，最好还有茂密的水草做掩护。刺鱼可以用肾脏分泌出一种黏液，这种黏液遇到水或者空气就会凝成细丝。在建巢时，刺鱼用嘴巴叼来水草的细茎，然后在堆放好的细茎上不停地"打滚"，用体侧的黏液来使细茎混合。最后，一个中空且略呈圆形的巢就初步建成了。这还不够，为了让巢基结实稳固，刺鱼会用嘴衔起水底的细沙，散在巢基上，还会用周围的水草把鱼巢隐藏起来。

可以放心产卵了！

珊瑚虫的"海底花园"

在热带、亚热带地区的海底，有珊瑚虫家族建造的"海底花园"。这些五彩缤纷的"海底花园"是珊瑚虫家族用生命建造出来的。当它们死去后，外骨骼就会变成千姿百态的珊瑚。随着时间的流逝，光彩艳丽的珊瑚礁和珊瑚岛就形成了。

匠人们的家

和人类一样，动物也需要家。家是动物们的庇护所，在寒冬里，动物的家里能保持温暖。家也是它们安全的休息之处和养育宝宝的地方。动物们的家各式各样，有的筑巢，有的建穴，有的挖洞……

泡泡做成的家

水蜘蛛在水生植物间吐丝织网，然后再向网格中运送空气，这些水下的气泡就成了它的安乐窝。

树顶上的家

草莓箭毒蛙居住在潮湿的热带雨林里。在巨型的植物上，由于降雨会形成一个个小水池。它们就在这种空中水池中躲避炽热的阳光。

慢慢变大的家

蜗牛慢慢长大，它的壳也一天天变大。壳的大小总是符合身体的大小。它们躲避风险的办法就是把身体缩进壳中。

借来的家

寄居蟹没有坚硬的外壳，它想到一个好办法——找一个空的软体动物的壳，然后住进去。当寄居蟹长大了，它们就会再换一个大一点儿的壳寄居。

吊着的家

山雀喜欢把它们的巢悬挂在一根树枝上。雄鸟会用芦苇或者柳絮的软毛为雌鸟和幼鸟建造一个舒适的家。

泥土城堡

白蚁在自己的蚁穴上面建造一个巨大的土墩，使自己的蚁穴变得通风凉爽，在蚁穴里面有育儿室、蚁后的宫殿和储存食物的地方。

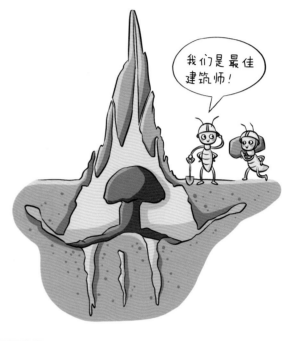

我们是最佳建筑师！

妈妈，我们饿了！

炉子似的家

织布鸟用草和芦苇编织出一个非常复杂的貌似炉子的巢，唯一的入口就是巢下面的隧道。这种设计能帮助它们远离捕食者的攻击。幼鸟在巢穴里孵化，此时它们不能走动，只好把嘴巴张得大大的，等待母亲的喂养。

叶子做的家

织叶蚁幼虫会分泌一种黏丝，成年织叶蚁用这种黏丝把叶子粘在一起，就成为蚁巢了。一个完整的蚁巢看起来就像一个叶状的大球。

织叶蚁

织叶蚁是一种林冠蚁，生活在高高的林冠层，大多数终生都不会下地。虽然它们的个子很小，但却能互相帮助，合力将一些树叶卷起来，建成舒适的巢穴。

黄猄蚁

在织叶蚁中，黄猄蚁是有名的代表。它们体态轻盈，团结性强，已经成为蚂蚁界宠物的后起之秀，受到不少人的喜爱。由于黄猄蚁擅长捕食各种害虫，因此在中国古代，人们就将其养在柑橘林中，作为防治害虫的"秘密武器"。

饶命！

快滚出柑橘林！

合作卷叶

一只织叶蚁是无法卷起树叶的，所以它们会依靠团队的力量。许多织叶蚁一起合作，找准施力的位置，就可以轻松地卷起树叶了。

兄弟们，加油啊！

宝宝干活了！

这是拿我当缝纫机啊！

特殊的"黏合剂"

织叶蚁将树叶卷起后，就要用一种特殊的"黏合剂"将叶子的形状固定下来，这时就需要幼蚁出场了。它们把幼蚁叼过来，然后用触角碰幼蚁，幼蚁就会听话地从头部喷射出有黏性的丝。于是，它们在需要黏合的位置工作一阵后，就可以把叶子捆扎好，使其变成一个庞大的公共巢穴。

互惠互利

织叶蚁的幼虫缺乏活动能力，但可以分泌一种信息激素，引诱工蚁喂养它们。就这样，工蚁喂养了幼虫，也从幼虫那里获得其分泌的营养物质，互惠互利，这就是蚂蚁的"交哺"行为。如果幼虫觉得巢内环境不舒服了，还会停止分泌激素，以催促工蚁建造新巢。

报警方式

当一只织叶蚁在领地内发现了敌人，就会从头部腺体排出一些特殊的化学物质。这些化学物质向外扩散后，会被它的同伴们接收到。于是，所有的织叶蚁就会很快获知敌情并赶去增援了。

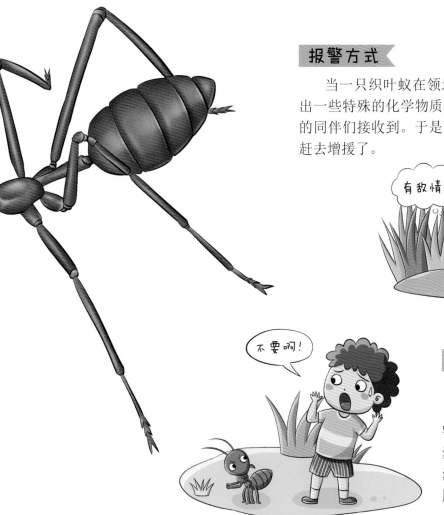

群攻战术

织叶蚁生性凶猛，一旦遭遇攻击，日夜守护在巢外的工蚁就会张开上颚、竖起腹部，然后从肛门射出一种液体——蚁酸，这是一种有腐蚀性的液体，很有威力，就算是喷在人的皮肤上，也能刺激皮肤起泡。

蚁后

在一个织叶蚁群体中，蚁后的地位是最高的。它的大小是普通工蚁的几倍，负责产子。如果蚁后遇到了危险，工蚁们就会将它团团围住，全力保护起来。

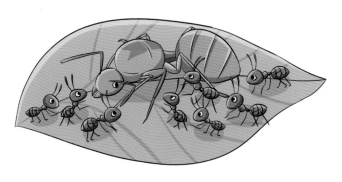

白蚁

在非洲的荒野里，可以看到一些由白蚁建造的"白蚁丘"。这些"白蚁丘"高达六七米，非常庞大，里面住着几百万只白蚁。对于身长只有几毫米的白蚁来说，这些"白蚁丘"堪称自然界的建筑奇观。

高超的建筑家

白蚁建成的"白蚁丘"形状各不相同，但全都异常高大。这些建筑看起来并不豪华，却非常实用，里面拥有四通八达的隧道，还有产卵室、育婴室、通风管、粮仓等。"白蚁丘"中还有异常高明的空调系统，使其内部维持着稳定的温度和湿度。

让人意外的建筑材料

白蚁是用唾液、泥土和粪便的混合物建造"白蚁丘"的，而且这些材料全部在它们的嘴里进行调和，让人难以想象。虽然这工作不够清洁，但它们用这种建筑材料建成的"白蚁丘"却像混凝土一般坚固。

婚飞

成熟的白蚁会生出长翼，在傍晚时分飞离巢穴，寻找配偶，这个过程就叫作"婚飞"。随后，它们落到地上，脱落翅膀，结成配偶。接着，它们会挖一个竖井，在地下开辟一片空间，开始繁殖后代，创造新的白蚁群。

白蚁王国

每个白蚁群都是一个白蚁王国，里面通常有一只蚁后和一只蚁王，它们住在特殊的"王宫"里，统领着自己的"臣民"，同时负责繁殖后代。白蚁王国中数量最多的是工蚁，它们负责所有的劳动任务；兵蚁有上颚兵与象鼻兵两大类，它们负责警戒、保卫工作。

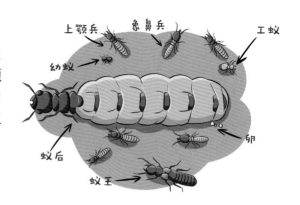

怕光

白蚁喜欢过隐蔽的生活，因此其视力退化严重，而且很怕光。就算是外出活动、取食，它们也会用泥土、分泌物等建成隧道式的蚁路作为掩体，以遮蔽光线。

白蚁的危害

白蚁的食性很广，而且食量惊人，所以会对人类社会造成一定的危害。它们能毁坏庄稼、树木，还能损坏房屋、家具等，甚至可以破坏堤坝，造成灾害。不过，幸运的是大部分白蚁对人类、对生态系统并不构成危害。

重要的分解者

数量庞大的白蚁是自然界中重要的分解者，尤其是在热带雨林地区，它们取食朽木、土壤上的枯枝落叶、腐殖质等，可以加速有机物分解、促进物质循环、改善土壤结构、增加土壤肥力等。对整个生物圈而言，白蚁的作用不容忽视。

马蜂

马蜂又叫黄蜂，是自然界中杰出的建筑大师，它们的作品就是用于栖息、繁衍的巢——马蜂窝。虽然挂在树上的马蜂窝让人们感到恐惧，但这种结构精巧的建筑却备受建筑学家称赞。

六边形的房间

马蜂将木材和植物纤维嚼碎并和唾液混合后，就会制造出一种黏性的糊状物，它们就是用这种材料筑巢的。马蜂一点一点地吐出糊状物，建成一个个六边形的小房间，最终构建起一个精巧而又防水的巢穴。

可怕的螫针

马蜂中的雌蜂身上长着一根长螫针，如果遇到攻击或不友善的干扰时，它们就会群起而攻。如果人被马蜂螫了，轻者会出现过敏反应和毒性反应，重者甚至会死亡。

可以重复使用

蜜蜂中的工蜂尾部也有螫针，但是这螫针有倒钩，所以工蜂一旦螫了敌人，螫针就会连着部分内脏脱落，导致工蜂死亡。而马蜂的螫针却没有倒钩，所以螫了敌人后还可以重复使用，因此马蜂的攻击性非常强。

捅马蜂窝

由于马蜂对人的威胁非常大，所以如果人们在房前屋后发现了马蜂窝，是一定要想办法将其捅下来的。不过，这种行为非常危险，一定要交给专业人士。

越冬

秋季时，马蜂群会培育出大量雌蜂。这些雌蜂发育成熟后，会与雄蜂配对，然后离巢并在石洞、墙缝等温暖避风的地方抱团越冬，而雄蜂则会在配对后死去。春季气温回升后，雌蜂就会修筑蜂巢，开始繁衍后代。

遇到马蜂怎么办？

马蜂一般不会主动攻击人，所以如果看到有几只马蜂在身边飞舞时不必理会；如果马蜂停落在肢体上，可轻轻抖落；如果被马蜂攻击，可用衣服盖住头、颈等部位，反方向逃走或就地趴下，千万不要狂跑，以免激怒整个马蜂群。

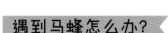

有缺点的益虫

马蜂对于养蜂人来说是一种害虫，因为它们会吃掉蜜蜂。不过，除此以外，马蜂还会吃很多害虫，也算得上是为庄稼除害。所以，马蜂可以算是有缺点的益虫。

漏斗网蜘蛛

在自然界中，我们经常会发现蜘蛛网，那就是蜘蛛用来捕捉猎物的工具。在圆形的蜘蛛网上，我们有时还能看到一只可怕的蜘蛛。不过，蜘蛛网可不都是圆形的，还有一种特别的漏斗形的蜘蛛网，那就是漏斗网蜘蛛的作品。

救命！

漏斗形的网

漏斗网蜘蛛主要生活在自己用毒牙挖出来的地洞中，在地洞上方就是它们织出的蜘蛛网。这种蜘蛛网的末端像漏斗一样，这也是漏斗网蜘蛛得名的原因。平时，漏斗网蜘蛛就躲在洞里，当猎物被蜘蛛网缠住时，它们很快就会现身了。

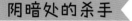

阴暗处的杀手

漏斗网蜘蛛主要生活在澳大利亚，它们就像杀手一样，喜欢藏身在阴暗、潮湿、凉爽的地方，比如岩石下面、树叶堆下面、墙壁的裂缝中等。只有在猎物出现时，它们才会迅速出手。

优秀的杀手要像蜘蛛一样善于隐藏。

脚趾好痛啊！

坚硬的毒牙

漏斗网蜘蛛长有坚硬的毒牙，可以穿透人的脚指甲，或者是一些小动物的头骨。同时，这毒牙还可以释放毒液，因此非常危险。一般情况下，漏斗网蜘蛛都将毒牙藏在嘴里，只有在需要的时候才会露出来。

超强毒性

漏斗网蜘蛛的毒液毒性很强，据说一只漏斗网蜘蛛携带的毒液足够杀死 5 至 8 人。如果有人不幸被它咬伤，将会在 15 分钟内死亡。不过科学家已经研制出了抗毒素，只要中毒者被及时救治，是没有生命危险的。

捕食猎物

漏斗网蜘蛛主要以昆虫和小动物为食。当猎物触动蜘蛛丝后，漏斗网蜘蛛就会迅速跳出来发起攻击。它会先用毒牙麻痹猎物，然后在猎物腹部咬开一个洞，吐进消化液，把猎物的肉消化成液体，再慢慢吸食。

对兔子无效

漏斗网蜘蛛的毒性非常强，但令人意外的是，这种毒对兔子竟然是无效的。

神奇的蜘蛛丝

看起来又细又柔软的蜘蛛丝其实具有极好的弹性和强度，据科学家试验，一根用蜘蛛丝制成的绳子比同样粗细的不锈钢钢筋还结实。不过蜘蛛丝的产量非常低，科学家还在研究如何才能大量制造蜘蛛丝。

水蜘蛛

　　蜘蛛基本都是生活在陆地上的，不过也有特殊情况，有一种水蜘蛛就喜欢在水草丛中建立自己的居所，让自己生活在一团气泡中。它们在这些气泡里进食、繁殖，生活得自由自在。

有趣的"建筑师"

　　水蜘蛛也会吐丝，它们会在水下织网，并在网中注入空气，使其变成一个"气泡屋"。水蜘蛛给"气泡屋"充气的方式也很有趣：它们从水面上获取空气，将其储存在自身腹部细毛中间的气泡中，然后它们爬回水下，把空气设法注入"气泡屋"里。

自动补氧

　　水蜘蛛在呼吸时会使"气泡屋"中的氧浓度逐渐下降，一旦氧含量低于 16% 时，溶于水中的氧就会自行补充进"气泡屋"内，维持内部含氧量处于动态的平衡状态。不过，由于内部气体的变化，大约一天后，水蜘蛛的"气泡屋"就会破灭。

全自动供氧系统。

你的轻功练得不错啊！

天生就会。

水面行走

　　水蜘蛛能轻松地在水面行走，是因为水的表面有张力，而且水蜘蛛全身长满了防水绒毛，附着许多气泡，能够增加与水作用的表面积，因此能受到很大的水的张力作用，自然就能在水面上行走啦！

捕食

水蜘蛛对水里的动静很敏感，还能察觉到在水面上挣扎的昆虫。当抓到猎物以后，水蜘蛛会将其拖回自己的"气泡屋"里，然后像其他蜘蛛一样，将消化液吐进猎物体内，把肉消化成液体，再慢慢吸食。

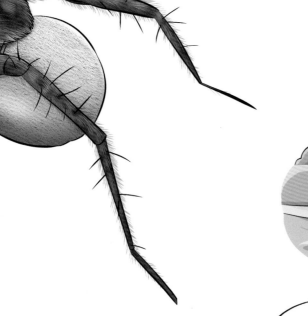

水蜘蛛 VS 水黾

水黾是一种生活在水面上的昆虫，它们能站在水上，就像会轻功一样。由于水黾看起来很像蜘蛛，因此也有人称其为水蜘蛛。不过，水黾毕竟不是真正的水蜘蛛，而且其战斗力非常弱。当水黾遇到水蜘蛛时，它们唯一能做的就是飞快地逃跑。

忍者道具水蜘蛛

日本的忍者向来以神秘的忍术闻名，据说他们有一种可以站在水面上行走的道具，也叫作水蜘蛛。不过，专家对此进行了研究，认为忍者踩在水蜘蛛道具上只适合在沼泽地行走。

石蚕蛾

石蚕蛾是一种有趣的昆虫，其幼虫一般叫石蚕，成虫则被称为石蛾。石蚕生活在湖泊、溪流中，它们是昆虫界的建筑专家，能在水下建出匪夷所思的"住房"。

管状巢

石蚕在建巢时，会先织一个丝质的外套，然后从水底找来各种各样的材料粘在上面，最后就形成了一个管状的巢。巢的尾端装满了丝，石蚕藏身在里面时，用两个"尾钩"就可以把自己固定住。

艺术大师

有人将石蚕养在鱼缸里，又在鱼缸里放上各种珍珠、宝石等，石蚕就会将其用来筑巢，从而制作出漂亮的艺术品。

移动房屋

石蚕建好自己的巢后，就基本不会离开了。不管去哪里，它们都会随身带着巢。这样，不管什么时候累了，它们都能就地休息。

坚固的堡垒

石蚕的巢像个堡垒一样，能对它们起到保护作用。如果遇到敌人，它们就像蜗牛一样缩回巢里，这样敌人就无计可施了。如果遇到的是比较厉害的敌人，它们就会伺机脱壳而出，把一个空巢留给敌人。

奇妙的"潜水艇"

有时，石蚕会拖着巢爬到水边的草木上，把前身伸出鞘外。巢的后部因此留出一段空隙，可以储存空气。这样，石蚕的巢就有了浮力，可以在水上漂浮了。如果想要下沉，石蚕就缩回前身，排出空气，就会和巢一起向下沉落了。

水质鉴定师

石蚕喜欢生活在清洁的水中，因此它们是天生的水质鉴定师。当你发现一片水域内出现了石蚕，就表示这里的水质比较好。

羽化

石蚕经过一个发育阶段后，就会将巢黏附在某个物体上，将两端封闭，在巢中化蛹。等蛹发育成熟后，它们就将蛹咬破，探出一部分身子，爬到岸上脱下蛹壳，变成会飞的石蛾。

松鼠

松鼠是一种可爱的小动物，它们长着一条毛茸茸的大尾巴，总是在树上跳来跳去。松鼠还是杰出的建筑师，它们能在树上为自己建造舒适的小窝，在里面生儿育女。有时候遇到合适的树洞，它们就将其"装修"一番，然后开心地住进去。

搭窝大业

松鼠搭窝时，会找个树洞，先运些小树枝来交错着放在一起，再找一些干苔藓、树皮等放在里面，将其挤紧、踏平，就可以住进去了。如果是在树枝上搭窝，为了避免被雨淋，松鼠还会在窝顶上盖一个圆锥形的、大大的盖子，把整个窝都遮住，是不是很聪明？

喜欢松子

松鼠非常喜欢吃松仁，也擅长采集松子。有趣的是，松鼠就算受到惊吓也会不轻易放下松果，而是叼起松果逃跑。

储存食物

每到秋天，松鼠就开始储存食物。通常，它们会将几千克食物分别藏在好几个地方。这样，在寒冷的冬天，它们也不愁没有东西吃。为了防止食物变质霉烂，松鼠有时还会将其搬到树上晒一晒。

隔壳辨物

松鼠有一种神奇的本领，那就是隔壳辨物。它们能在不咬破松子外壳的情况下，准确无误地辨别松子里面有没有松仁，因为它们有超强的嗅觉。只要是被松鼠放弃的松子，里面肯定是没有松仁的。

巨松鼠

巨松鼠是世界上体型最大的松鼠，其体长可以达到1米。它们广泛生活在亚洲的东南部，主要栖于热带季雨林的高树上，很少下地。

不断生长的门牙

松鼠有四颗门牙，而且会不停生长，每年大约会长15厘米。因此，松鼠必须不停地磨牙，以免牙齿太长而影响进食。

利用蛇皮

有的松鼠会收集响尾蛇蜕下的蛇皮，将其咀嚼后覆盖在皮毛上，这样它的身上就会有响尾蛇的气味。当它在森林里活动时，这种气味会帮助它躲避一些食肉动物。

河狸

在有河狸生活的地区，人们经常会发现小河里有一段用树枝、泥土等建成的水坝，这就是动物世界著名的建筑师河狸的杰作。

为什么建水坝？

河狸建水坝是为了防御外敌入侵，因为它们总是在堤内筑巢，而巢的出口往往就通向水下。如果枯水期水面下降，河狸的家就会失去水的庇护。所以河狸学会了建水坝，以保持水面的相对稳定，从而保护自己的家。

怎么建水坝？

河狸建水坝完全依靠自己的身体。它们的牙齿非常锋利，能在 15 分钟内咬断一棵比人的手臂还粗的树。倒霉的是，有的粗心的河狸会被倒下的树砸死。接着，河狸把树干咬成好几段，利用水流将其运到建水坝的地方。最后，河狸将树干插进土里，然后用树枝、石子和淤泥堆出水坝。

巧妙的家

河狸的家一般位于岸边或者水域中央，是用树枝等材料搭建而成的，外面用泥封闭，就像一个炭窑似的。河狸的家中非常宽敞，有两条或更多的进出隧道，入口则在稍远的水下。一旦有什么风吹草动，河狸就跳到水中顺着隧道迅速逃走。

潜水大师

　　河狸还是出色的游泳和潜水运动员。当它们潜到水下时，鼻子和耳朵的瓣膜就会自动关闭。它们还有透明的眼睑，既能防止眼睛被外物伤害，又不影响在水中看东西。

别怕，我是吃素的。

素食者

　　虽然河狸总是在水中活动，但它们并不吃鱼，它们的主要食物为植物的嫩枝叶、树根、树皮和水生植物。所以，喜欢建水坝的河狸确实是鱼类的好邻居。

大尾巴

　　河狸的尾巴宽大而扁平，上面还长满了鳞片。当它们在水中游泳时，就可以利用尾巴控制方向。同时，河狸的尾巴还是一个脂肪储存库。冬天时，尾巴中的脂肪量可以达到50%，因此看起来就像肿了一样，而夏天则会降低到15%左右。

你的尾巴怎么肿了？

这是储存的脂肪。

河狸保护区

　　新疆有一个河狸自然保护区，名叫布尔根河狸国家级自然保护区。这里地理位置和自然条件优越，是蒙新河狸在中国集中分布的唯一区域。同时，这里还生活着大天鹅、黑鹳、蓑羽鹤等国家重点保护水鸟和北山羊、盘羊、猞猁等保护动物。

保护区

巢鼠

人们都知道，老鼠擅长挖洞，喜欢生活在地下。可有一种老鼠却很特殊，它们喜欢在植物的杆上筑巢，那就是巢鼠。

好袖珍的老鼠啊！

迷你小老鼠

巢鼠又叫燕麦鼠，是一种体型非常小的老鼠，体长一般只有5至8厘米，体重也只有8克左右。我们很难发现巢鼠，因为它们的个子实在是太小了，而且又机敏又灵活。如果不是特意寻找，我们就不会注意到这样的小不点。

忙着筑巢

巢鼠喜欢在杂草丛及灌丛的植物茎秆上筑巢，它们把许多草茎架在一起，用植物的叶子造出一个拳头那么大的球形巢。为了舒适一些，它们还会在巢里垫上干草。秋季和冬季时，它们多在草堆中或地下筑巢。到了春季，它们会将巢废弃，到植物的茎秆上另筑新巢。

你听起来不错啊？

是啊！你好像也挺好！

灵敏的听力

虽然巢鼠长着大大的眼睛，但它们的视力非常差，几乎接近于失明，因此是无法看清物体的。不过，它们的听力却非常灵敏，能够发现7米外的轻微震动，因此完全可以依赖听力来探路。

平衡高手

巢鼠的平衡能力非常强，它们能平稳地站在麦穗上或蒲公英上，颇有体操运动员的风范。

游戏

巢鼠还喜欢结伴玩耍，经常在小麦间爬上爬下，互相追逐打闹。有时，它们又会安安静静地蹲在树枝上，顽皮地将尾巴缠绕在一起。

搬家

当遇到危险时，母巢鼠会毫不犹豫地叼起自己的宝宝，将其带到新筑的巢穴中。

害鼠

巢鼠是一种杂食性动物，喜欢吃玉米、大豆、稻谷等粮食，危害庄稼和农田。因此，对于农民来说，它们确实是一种害鼠。

33

鼹鼠

鼹鼠是一种非常喜欢打洞的老鼠，它们的洞密密麻麻、四通八达，就像一座地下迷宫，但它们自己却从来不会迷路。

喜欢地下生活

鼹鼠喜欢生活在地下，因为它们喜欢吃蚯蚓、蜗牛、植物的根和块茎等。它们在地下挖出四通八达的隧道，里面潮湿的环境很容易滋生蚯蚓、蜗牛等。因此，对于鼹鼠来说，地下隧道就是它们的"餐厅"。

天生的"掘土机"

鼹鼠的身体很适应地下生活，它们的前脚大而向外翻，并配备有力的爪子，就像两只铲子；身体矮胖，头紧接肩膀，看起来好像没有脖子，整个骨架矮而扁，就像一台掘土机。因此，当你知道鼹鼠的拉丁文学名其实就是"掘土"的意思时，肯定就不会感到意外了。

嗅觉灵敏

科学家发现鼹鼠具有不同寻常的嗅觉，能够辨识立体空间方位的不同食物气味，是一种具有立体嗅觉感的哺乳动物。这意味着鼹鼠的每个鼻孔都能嗅到不同的气味，而且大脑还可以识别气味的差异。

视力退化

鼹鼠总是生活在地下，因此它们的视力退化严重。成年的鼹鼠眼睛深陷在皮肤下面，很不喜欢被阳光照射。如果长时间接触阳光，它们的中枢神经就会变得混乱，出现器官失调的现象，甚至会导致死亡。

尖叫吓敌

鼹鼠的攻击性远不如常见的老鼠，而且行动也缓慢得多，因此一旦遇到危险，它们就会发出尖厉的叫声震慑敌人，然后伺机逃脱。

星鼻鼹鼠

星鼻鼹鼠是一种长相非常奇特的鼹鼠，它们的鼻子周围有 22 条肉质的附器，环绕成一圈，看起来就像一朵花一样。星鼻鼹鼠具有超乎寻常的行动速度，能在四分之一秒的时间里确定猎物的位置并捕获猎物。

《鼹鼠的故事》

《鼹鼠的故事》是捷克的经典系列动画片，在全世界都非常有名。在动画片中，圆头圆脑的小鼹鼠演绎出了既搞笑又充满温情的小故事，让人们享受到了极大的快乐和温暖。

土拨鼠

土拨鼠也叫草原犬鼠，它们的洞被人们称为"空调老鼠洞"。土拨鼠的洞至少有两个口，一个是平的，另一个在隆起的土堆上。当有风吹过时，两个口的风力和空气压力不一样，这样风就会在地下的洞穴中流通，像是给洞里装了空调一样。

洞穴建筑师

土拨鼠天生就会挖洞，因此它们祖祖辈辈都把家安在地下。土拨鼠在地下不同深度会挖出各种不同用途的"小房间"，有卧室、储藏室、避难所、厕所等。有时，热心的土拨鼠还会收留其他草食动物，比如兔子。

有危险！

吱……

报警

土拨鼠有敏锐的听力、优良的视力和公共预警系统。当许多土拨鼠在活动时，总会有一些成员专门站岗放哨。当某只土拨鼠发现危险并大叫起来，瞬间所有的土拨鼠都会从地面上消失。

两个月前见过你。

你还认识我吗？

语言天赋

科学家研究发现，土拨鼠能用不同的叫声识别人类、鹰、狼等。而且，土拨鼠还能区别不同的人。在时隔两个月后再见到同一个人，它们就能发出相同的叫声。

喜欢亲吻

土拨鼠喜欢通过亲吻和拥抱传达爱意，据说在被围观的情况下，它们亲吻的次数会更多。科学家认为，亲吻其实是土拨鼠用来辨识对方和传递信息的一种方法。

冬眠

到了冬天，土拨鼠会进入长眠状态，一直睡到第二年春天才会起来活动。冬眠时，土拨鼠的心跳会减缓，新陈代谢速度也会降低，体温仅保持在0℃以上一点。这样的体温对于人和其他几乎所有动物来说，都是致命的。

危险的土拨鼠

如果遇到土拨鼠，不要试图抚摸亲近它们，因为它们身上可能携带着毒性很强的鼠疫杆菌，会使人染上极其可怕的鼠疫。因此，土拨鼠虽然可爱，但为了安全，还请保持远观。

土拨鼠日

每年2月2日是北美传统的土拨鼠日，美国和加拿大的许多城市和村庄都会举行庆祝活动。据说，如果土拨鼠出洞后能看到自己的影子，那就还有6个星期的冬天；如果它看不到自己的影子，春天就会来得早。当然，这只是个传说。

攀雀

攀雀是一种小型鸟类，善于攀树，喜欢建一种囊状的巢，还总是悬挂在树枝梢上。攀雀的巢看起来非常精美，不明真相的人还以为这是人类设计的产品呢！

筑巢和恋爱

在繁殖期到来时，雄鸟会首先选择筑巢地点并开始筑巢，而且一边筑一边鸣唱，以吸引雌鸟。当雌鸟受到吸引后，就会考察雄鸟。如果满意，就会留下来和雄鸟一起筑巢，然后恋爱并繁殖后代。

像靴子的巢

攀雀筑巢时，会先在树枝的末端用树皮纤维、羊毛等打个结，作为巢的悬挂处。接着，攀雀会织一个纵向的圆环，再将其织成提篮状，然后织成上部有两个相对圆孔的袋状巢。最后，攀雀把其中一个圆孔封死，一个像靴子一样的巢就筑成了。

维持稳定

攀雀在筑巢时，会使用许多柳絮、花序、羊毛等，以增加巢壁的厚度。这样不仅可以保暖，还能增加巢的重量。要不然，巢太轻了，稍微有点风就会把它吹得不停摇摆，里面的雏鸟会很难受的。

养育后代

攀雀一般每巢产 3 到 4 枚卵，孵出的雏鸟由雄鸟和雌鸟共同喂养。不过，据人们观察，雌鸟喂食的次数要远多于雄鸟。

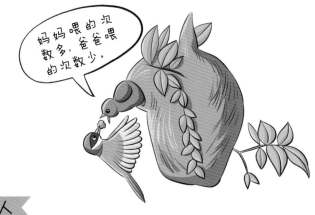

可怕的敌人

攀雀将巢筑在树枝上，可以避开地上的许多天敌。不过，这并不能高枕无忧，因为有些擅长攀援的蛇会爬上树枝，钻进巢去吃掉雏鸟。每当这时，攀雀也无能为力，只能绝望地看着。

讲卫生

攀雀是非常讲卫生的鸟。因为攀雀的巢只有一个开在上部的出口，所以雏鸟只能在巢里排便。雄鸟和雌鸟会勤快地将这些粪便用嘴叼出去扔掉，使巢中保持干净舒适。

雏鸟学飞

雏鸟成长到一定时候，就可以离开鸟巢学习飞行了。它们刚开始会非常害怕，总是紧抓着鸟巢，不肯离开。这时，雌鸟就会不停地鼓励，甚至会叼来虫子进行诱惑。最终，雏鸟壮着胆子一跳，用力拍打翅膀，就学会飞行了。

蜂鸟

　　蜂鸟是一种体型非常小的鸟，因此它们的巢穴也非常袖珍。蜂鸟的巢是杯形的，主要用地衣、苔藓、枯叶、树皮和蜘蛛网等筑成，里面垫着羽毛、毛发和植物纤维等，非常舒适。

超级舌头

　　蜂鸟的舌头非常灵活，每秒可以吸食花蜜几十次。而且，蜂鸟的舌头末端有分叉，还有很多凹槽。这些凹槽在接触液体时会关闭，形成一个存水的结构。这样，蜂鸟就能将花蜜存在舌头上并带进嘴里了。

飞行特技

　　蜂鸟有高超的飞行能力，它们在飞行时，两翅会高速振动，同时发出"嗡嗡"的声音，就像蜜蜂一样。蜂鸟可以持久地在花丛中徘徊"停飞"，有时还能倒飞，这种飞行特技让其他鸟类望尘莫及。

领地

　　许多种类的蜂鸟都有自己的领地，雄鸟一般以食源地为中心。雄鸟如果发现了入侵者，就会发出警告并驱赶，有时还会升级为以嘴为武器的打斗。

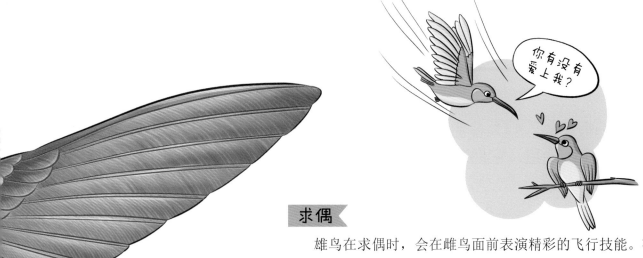

求偶

雄鸟在求偶时，会在雌鸟面前表演精彩的飞行技能。有时，它们会飞到 30 多米高，然后向着雌鸟俯冲，接着又再次升起。据说在俯冲时，蜂鸟要承受 9 倍重力的负荷，这是有记录的脊椎动物在飞行时承受负荷的最大值。

蛰伏

蜂鸟的身体很小，但新陈代谢却很旺盛，即使在睡觉时也会消耗大量能量。因此，蜂鸟在必要的时候会进入假死状态，这就是被称为"蛰伏"的现象。在蛰伏时，蜂鸟的体温会降到刚好能维持生命的程度。

强大记忆力

蜂鸟的运动量非常大，因此每天都要摄取数百朵花的花蜜才能生存。好在蜂鸟拥有强大的记忆力，可以记住自己领地内每一朵花的准确位置，以及它们吸取花蜜之后，那朵花需要多久才能重新充满蜜汁。

不称职的父亲

蜂鸟的雄鸟是不称职的父亲，因为它们仅在繁殖期与雌鸟互动，而不会参与抚育后代的工作。雌鸟则是鸟中的"女强人"，它们会单独构巢、孵卵并抚育后代，令人敬佩。

翠鸟

　　翠鸟有很多种，但大多羽色艳丽多彩，非常漂亮。它们总是蹲守在水边，伺机捕捉小鱼。而且，它们还会用喙和爪子在河岸边为自己挖出一个洞做巢，很意外吧？

筑巢

　　翠鸟一般在水边的土崖上用嘴挖出一条隧道，再将末端扩大，就成为孵卵的巢了。在挖洞时，翠鸟会用唾液将土黏成球状，然后再衔出洞外扔掉。为了不让人发现洞穴，它们会把泥球衔到很远的地方才扔。

喜欢吃鱼

　　翠鸟喜欢吃鱼，因此经常静栖于池塘、沼泽、溪边，眼睛紧盯着水面，一旦发现有食物，就以闪电式的速度直飞捕捉。哪怕是在冬季，它们有时也会钻进人类凿出的冰窟窿，扎入水下捉鱼。

不讲卫生

　　翠鸟是不讲卫生的鸟，它们从来不清理自己的巢，因此巢中臭气熏天。尤其是雏鸟孵出后，进食量逐渐增加，吐出的鱼骨、鱼鳞等形成的食丸堆积在巢中，使得巢中的气味更加混乱不堪，但翠鸟依然无动于衷。

水下视物

翠鸟扎入水中后，还能保持极佳的视力，因为它们进入水中后，眼睛能迅速调整因为光线造成的视角反差，因此捕鱼本领很强。

摔打猎物

翠鸟只有麻雀大小，因此为了减小吞咽时的潜在危险，它们一般会将猎物摔打一番，使其不再动弹。除非这猎物实在是太小了，能轻松地吞下去。

吃的方法

为了不被猎物扎伤，翠鸟在吃鱼时，一定要将鱼头朝向喉咙吞下；如果是吃虾，就要从尾巴开始吞，因为虾的额剑和螯肢都是朝前的。翠鸟在喂养孩子时，也会特别留意这些细节，把鱼头、虾尾先送进雏鸟的嘴里。

点翠

翠鸟的羽毛闪耀着金属光泽，让人痴迷。在中国古代，人们研究出了"点翠"工艺，将金、银、珍珠等贵重材料做成的头饰，粘贴上翠鸟鲜艳的羽毛，可使其交相辉映，精美绝伦。因此，人们大量捕捉翠鸟，造成中国翠鸟的数量锐减。

园丁鸟

园丁鸟是大洋洲的特有鸟类，以建造复杂独特的求偶亭闻名于世。据说欧洲人最初看到这种求偶亭时，还以为是当地土著人的墓地或游乐场呢！

建亭大业

为了吸引雌鸟并与其配对，在还没有成年时，雄鸟就开始参观成鸟的求偶亭，学习建筑技巧，然后搭建简单的"实习"亭来练习手艺。待成年后，它们基本都有了高超的建筑本领，能成功地用树枝搭建独特的求偶亭，并进行各具特色的装饰。

多样的求偶亭

园丁鸟的求偶亭主要有三种形式：第一种是塔形，代表者是金亭鸟、褐色园丁鸟等；第二种是平台形，代表者是齿嘴园丁鸟、阿氏园丁鸟；第三种是墙形，代表者是大亭鸟、缎蓝园丁鸟等。

褐色园丁鸟

塔形凉亭

金亭鸟

齿嘴园丁鸟

平台形凉亭

阿氏园丁鸟

墙形凉亭

缎蓝园丁鸟

大亭鸟

装饰工程

园丁鸟建好求偶亭后，还会找来一些独特的东西进行装饰，比如鲜艳的水果、树叶、玻璃、圆珠笔、纸片等。有时，雄鸟会冒险进入人类的家园，叼来一些它们认为漂亮的东西；有时，它们在别的园丁鸟那里发现了喜欢的东西，也会找机会偷回来。

小贼鸟，把钱还给我。

这张纸片好漂亮！

欢迎美女来参观！

求偶

当有雌鸟来到雄鸟的求偶亭前时，雄鸟就会兴高采烈地围绕着求偶亭转，好像在向对方做介绍，还会跳起优美的求婚舞，用嘴衔起各种装饰品让雌鸟观赏。这种表演一直要进行到赢得雌鸟的爱慕或者雌鸟不感兴趣地飞走才结束。

你可以离开了。

又成单身汉了。

独自抚养

只有少数几种园丁鸟的雄鸟会和雌鸟一起筑巢、孵卵并照料后代，其余大多数种类的雌鸟都会离开雄鸟，独自去搭建一个巢养育后代，不用雄鸟帮任何忙。

金丝燕

金丝燕是一种很特别的燕子，因为它们的巢是可以食用的，那就是有名的滋补品——燕窝。不过，这种燕窝可不是用泥筑成的，而是金丝燕用自己的唾液和其他物质筑成的哦！

屋燕和洞燕

根据金丝燕筑巢的地方不同，可以将其分为屋燕和洞燕。在人工建筑中筑巢的是屋燕，在山洞里筑巢的是洞燕。由于燕窝的价值高，所以人们想出了建造燕屋供金丝燕生活，以获取燕窝的方式，这对于保护金丝燕是非常有利的。

选址

金丝燕一般在黑暗无光的山洞里筑巢，但并不是所有山洞都能让它们满意。它们会对环境进行仔细的考察，如果选址地持续受到干扰或者它们认为有危险，就会果断飞走，另觅安全处所。

筑巢

金丝燕的雌鸟和雄鸟会合力筑巢，所用的材料就是它们的唾液腺分泌的黏液，这是一种遇到空气会迅速干涸成丝状的物质。经过无数次的吐和抹，金丝燕就在岩壁上勾出了一个半圆形的轮廓，接着再一层层地往上添加，最终就形成了一个半碗状的巢。

采摘燕窝

因为金丝燕不会重复使用自己筑的巢，所以雏鸟长大后，燕窝就会被废弃。因此，科学采摘燕窝不会影响金丝燕的繁衍生息，反而能为金丝燕腾出筑巢的空间。

休息方式

金丝燕的脚短且软，而且四个脚趾都朝前方，因此无法抓握，几乎无法在地上行走。所以，金丝燕除了在孵蛋时会待在巢中，其他时候如果要休息，就会用四趾钩住某个地方，将身体悬挂起来。

觅食

金丝燕是在飞行中觅食的，而且只吃会飞的昆虫或小生物。它们也会喝水，但除了喝雨水外，只会低飞并将嘴贴在水面上，在飞行的过程中喝水。

辨别回声

金丝燕有辨别回声的能力，因此能在黑暗中自由地飞行，与哺乳动物中的蝙蝠类似。金丝燕在飞到远离巢穴的地方觅食后，在天黑后也能准确飞回巢。

啄木鸟

啄木鸟种类繁多，在全世界大多数地方都有分布。它们不仅能啄开树皮和树干，将里面的虫子吃掉，同时它们还能在树干中啄出一个宽敞的空间，作为自己的巢。

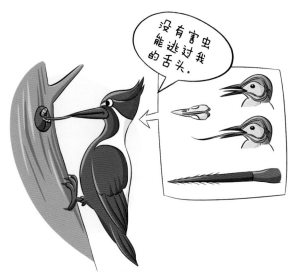

长舌头

啄木鸟有一条超级长的舌头，从其上颚后部生出，穿过右鼻孔，再分叉成两条，然后绕到头骨的上部和后部，经过颈部的两侧、下颚，在口腔中又合成一条舌头。这样的舌头就像一条橡皮筋，能够伸出喙外很远，而且舌尖还带倒刺，因此能将虫子钩出来。

求偶

春天到来后，有些啄木鸟为了吸引配偶，喜欢用自己坚硬的喙在空心树干上有节奏地敲打，发出清脆的响声。同时，这响声还有宣布领地的功能。

筑巢

啄木鸟找到配偶后，就会马上着手挖洞做巢。一般来说，力气比较大的啄木鸟会选择很硬的树木，身小力弱的啄木鸟则往往采取省力的方式，在柔软、腐朽的木头中做巢。

繁殖

挖好巢后，啄木鸟有时还会在里面铺上一些毛发或草屑，雌鸟就在巢中产下近乎圆球形的白蛋。鸟类学家认为，白色的蛋在阴暗的巢洞里便于被看到，因而可以避免意外打破。

不怕脑震荡

啄木鸟每天敲击树木的次数多、频率快，却不会得脑震荡，也不会头痛。原来，啄木鸟的头骨结构疏松而充满空气，内部还有一层坚韧的外脑膜，在外脑膜和脑髓之间还有液体，起到了消震的作用。另外，啄木鸟的头部还长满了具有减震作用的肌肉，使其在工作时头部保持直线运动，避免旋转动作加上啄树木的冲击力把脑子震坏。

记住闭眼睛

啄木鸟在啄树木的时候必须闭着眼睛，因为这样能避免眼球因撞击而蹦出。同时，闭着眼睛也可以避免溅出的木屑进入眼睛。

"森林医生"

啄木鸟喜欢吃害虫，其食物主要有天牛幼虫、象甲、螟蛾、蝽象等，因此啄木鸟对防止森林虫害、发展林业很有益处，因此被人们称为"森林医生"。

缝叶莺

　　许多鸟都会用树枝、干草、泥土等材料筑巢，但有一种鸟却非常聪明，它们发现可以直接利用长在树上的叶子筑巢，这种会偷懒的鸟就是缝叶莺。

筑巢

　　缝叶莺筑巢时，会选两片大树叶，用长嘴在树叶边缘啄出一些小孔，再用植物纤维或者人类扔掉的细线，把两片树叶缝合起来，就成了一个口袋型的巢。接着，缝叶莺还会在巢里填上柔软的棉絮、兽毛等，使其更加舒适。

我是纺织界的小能手。

小个头也有大智慧。

智慧惊人

　　缝叶莺具有惊人的智慧，它们在缝树叶时，还会像人类一样一边缝一边打结，以防脱线。另外，如果筑巢的叶子变黄快脱落了，它们还会用草茎将叶柄固定在树枝上。而且，它们还把巢做得有一定的斜度，避免雨水淋湿巢内。

我的尾巴更高！

看我的尾巴好高。

好动的鸟

　　缝叶莺活泼好动，在觅食时总是不停地在枝叶间跳来跳去。它们飞行的速度也很快，一会儿飞上树，一会儿又落到地上。它们还喜欢将尾巴高高翘起，有时在飞行中也不放下来。

卷合一片树叶

缝合两片树叶

缝合三片以上树叶

多种方式

缝叶莺筑巢的方式并不死板，有的缝叶莺会卷合一片树叶筑巢，有的会缝合多片树叶筑巢，这都是根据实际情况灵活变通的。

小鸟喂大鸟

有时，狡猾的杜鹃会伺机偷走缝叶莺的蛋，然后在巢中产下自己的蛋。不明真相的缝叶莺会将小杜鹃孵出并抚养长大。由于杜鹃的体型比缝叶莺大，所以人们有时会看到可怜的缝叶莺不断将虫子喂给比自己还大的"孩子"吃的奇特景象。

大家族

缝叶莺属是个大家族，共有13种，包括普通缝叶莺（长尾缝叶莺）、黑喉缝叶莺、柬埔寨缝叶莺等。它们之中有的区别并不太显著，比如柬埔寨缝叶莺和黑喉缝叶莺都具有栗头、黑喉的特点，但柬埔寨缝叶莺上体为灰色，而黑喉缝叶莺上体为黄绿色。

棕灶鸟

　　绝大多数鸟类的巢穴都使用树枝、干草等搭建，而生活在南美洲的棕灶鸟却很特别，它们会在树上建造半球形的土窝，令人惊叹不已。

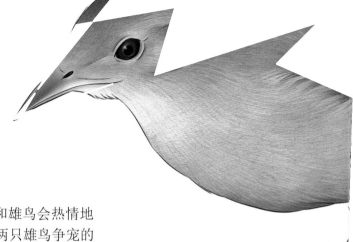

求偶

　　棕灶鸟求偶的时候会发出一种快速的颤音，雌鸟和雄鸟会热情地对唱。雄鸟鸣叫的节奏快，雌鸟的节奏略慢。如果有两只雄鸟争宠的话，它们就会一边鸣叫一边用翅膀攻击对方，并在打败对手后和雌鸟一起共筑爱巢。

筑巢

　　棕灶鸟喜欢在树上、篱柱上或建筑物上筑巢，而且是建在背风处，防止被大风吹垮。棕灶鸟用来筑巢的材料是泥土、粪便等混合物，它们被太阳晒干后会非常坚固。

"一室一厅"

　　棕灶鸟还会在巢里面修一面墙，隔出一间专门用来孵蛋的房间。这样看来，棕灶鸟的巢就像人类"一室一厅"的房子。

"面包师"

棕灶鸟在阿根廷分布极为普遍，已经被定为阿根廷国鸟。由于棕灶鸟的巢非常独特，看起来就像一个面包烤炉，所以它们也被人们称为"面包师"。

"共享房"

棕灶鸟每年都会筑新巢，因此被它们舍弃的旧巢就会成为别的鸟儿的"共享房"。有时，为了争抢棕灶鸟的旧巢，一些鸟还会上演夺巢大战。

"高楼大厦"

由于棕灶鸟的巢用过一次就不再使用，而它们又可能很喜欢筑巢的地方，因此有时候它们会将新巢建在旧巢上面，一个摞一个，最后连成一串，成为一座"高楼大厦"。

织布鸟

织布鸟看上去很平常，没有鲜艳的羽饰，也没有潇洒的风度，说起来还是麻雀的亲戚。不过，它们却以巧妙的编织技术闻名于世，能为自己编织出巧妙的巢。

寻找材料

织布鸟喜欢把巢吊在空中，因此用来织巢的材料必须是柔软而结实的植物纤维才行。让人惊讶的是，织布鸟有裁剪丝绒的才能，它们先用嘴啄住禾草或棕榈树叶的边缘，然后猛地飞起，就可以撕下一条纤维了。

求偶

雄鸟将巢织了一部分后，就开始吸引雌鸟。它们经常站在已经筑好的半个巢上，迅速地扇动翅膀，同时大声歌唱。雌鸟如果选中了某只雄鸟，就飞到它的巢上，与它结成对，然后帮助完成巢内的装修工程。

不同的巢

雄鸟的巢像一个悬挂的钟，底部是敞开的口，横着一条草绳编织的横梁，供雄鸟自己栖息用；雌鸟的巢底部会密封做成窝，供孵化雏鸟，还会编织一条垂直的管道作为出入口。这种出入口不利于蛇进出，可以保护雏鸟。

雄鸟的巢　　　雌鸟的巢

织巢本领

织布鸟织巢时会先编几条绳索，再把它们合起来。雄鸟善于打结，因此也可以说它们不是在"织布"，而是在"编结"。织布鸟并不是天生就会织巢的，它们会一次又一次地毁掉不成熟的作品，直到织出能让雌鸟满意的巢为止。

喜欢群居

生活在开阔地方的织布鸟喜欢集群活动，因为鸟多了就便于发现成片的庄稼或其他食物，发现天敌的可能性也增加了。因此，这些织布鸟常常把巢建在一起。

巨型鸟巢

在非洲大草原上生活着一种群居织布鸟，它们把各自的巢建在一起，形成一个巨型鸟巢。这个巨型鸟巢看起来就像是一个落在树上的大干草堆，下面还有许多出入口，就像一座公寓楼一样。巨型鸟巢每年还会继续扩大，直到树干支撑不住而倒塌为止。然后，这些织布鸟就重新开始建新巢。

防风技术

人们经常在织布鸟的巢里发现一些小泥团，因此推测织布鸟放置这些小泥团的目的是增大巢的重量，使其不容易被风吹掉。

崖沙燕

崖沙燕是一种食蚊蝇的益鸟，喜欢在沙土崖壁上筑巢，并因此而得名。崖沙燕还喜欢成群在一起筑巢，建出密密麻麻的巢洞，非常壮观，因此被人们称为"崖壁建筑师"。

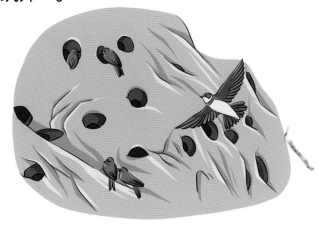

筑巢

崖沙燕筑巢时，一般在河流或湖泊岸边的沙质悬崖上选址。雌鸟和雄鸟选好地方后，就会轮流用嘴凿出一个深洞，再将洞末端扩大成巢室。最后，它们在里面铺上芦苇的茎叶、枯草和羽毛等，一个巢就筑好了。

与家燕的区别

崖沙燕是一种褐色燕，其下体为白色并有一道明显的褐色胸带。家燕的上体为蓝黑色，额和喉部为棕色，前胸黑褐相间，下体其余部分带白色，尾基处有一行白色。

爱吃昆虫

崖沙燕主要以昆虫为食，而且专门捕食飞行性昆虫。它们在空中一边飞，一边捕捉接近地面和水面的低空飞行昆虫，主要有鳞翅目、鞘翅目、膜翅目等昆虫。有时它们也吃浮游目昆虫，如蚊、蝇、虻、蚁等。

几种燕子的巢

在所有燕子中，人们最熟悉的是家燕。它们一般在靠近屋顶或屋檐的墙上找一个凸出的地方，筑一个半碗形的巢。

金腰燕喜欢在屋顶和墙的夹角处筑巢，巢的正上方会与屋顶黏合，只在贴着天花板的地方留一个洞作为出入口。

美洲燕的巢和金腰燕的巢类似，上方和侧面都贴着墙，但其出入口却是和天花板分离的，而且向外延伸还朝向斜下方，看起来很像一个壶。

雨燕喜欢在古建筑的孔洞里筑巢。它们先钻到这些缝隙里，然后在靠内侧的水平面上将羽毛、草等堆积起来，就成了一个浅碟状的巢。

犀鸟

　　每年春季以后，成对的犀鸟就会在高大的树干上筑巢。它们一般会利用白蚁蛀蚀或树木自然朽蚀形成的大洞，在里面垫上腐朽的木质、柔软的羽毛等，就可以在里面繁衍后代了。

得名原因

　　犀鸟因某些种类的上嘴基部有骨质盔突而著名，就好像犀牛的角一样，它们也因此而得名。犀鸟最大的特点便是有一张大嘴，占了身长的三分之一甚至一半，看起来非常滑稽可爱。

小心保护

　　雌鸟产卵后，就会和雄鸟一起合作，将巢的洞口用泥土堵上，只留一个小孔用于喂食。这样，雌鸟在孵化期间就不怕蛇、猴子等天敌来伤害了。等雏鸟孵出后，雌鸟会离开巢，但会再次将雏鸟封在巢中。雌鸟和雄鸟每天通过小孔喂食雏鸟，直到它们会飞为止。

忙碌的雄犀鸟

　　雌鸟被封在巢中时，雄鸟每天都会四处奔波寻找食物，并喂给雌鸟。到了晚上，雄鸟还会在巢外的树上站岗放哨。如果雄鸟遇到了意外，雌鸟就会被饿死在巢中。

灵活大嘴

犀鸟的大嘴和盔突看起来很笨重，其实都是中空的，里面充满了空隙，而且非常灵巧，不管是采食浆果、捕食昆虫，还是修建巢穴，都能灵巧地完成。

吃东西

犀鸟吃东西时，喜欢先用嘴将食物向上抛起，然后再用嘴接住并吞下。有时它们还会互相分享食物，用嘴咬住果实再用类似"喂食"的方式喂给另外一只犀鸟。

动静极大

犀鸟身型庞大，飞行的速度较慢，飞翔时翅膀总是发出极大的声响，就像有飞机飞过一样。当它们停落在树顶时，还时不时发出响亮而粗糙的鸣叫声，能传出很远。

犀鸟节

印度那加兰邦有一个传统的犀鸟节，那里的那加人崇拜犀鸟，将其奉为神灵，每年都要庆祝犀鸟节。节日当天，男女老少盛装出席，先祭鸟，再举行其他庆祝活动。

奇趣动物联盟
★
认证

动物建筑设计师

编号: _____

姓名: _____

发证日期: _____

　　人类是优秀的建筑师，建造摩天大楼，架设桥梁，铺设道路……看完这本书后，你是不是发现动物们也很了不起？它们也创造了属于自己的美好家园。地球是我们的家，也是动物们的家，让我们共同爱护它吧！